Capitaine HANGUILLART

Petit

Guide pratique de Guerre pour ma Compagnie

(Fait au Front)

LIBRAIRIE MILITAIRE BERGER-LEVRAULT

PARIS
5-7, RUE DES BEAUX-ARTS

NANCY
RUE DES GLACIS, 18

1916

Prix : 60 centimes.

Capitaine HANGUILLART

Petit
Guide pratique

de Guerre
pour ma Compagnie

(Fait au Front)

LIBRAIRIE MILITAIRE BERGER-LEVRAULT

PARIS
5-7, RUE DES BEAUX-ARTS

NANCY
RUE DES GLACIS, 18

1916

PETIT

GUIDE PRATIQUE DE GUERRE

POUR MA COMPAGNIE

Au point de vue infanterie, on peut dire que la guerre de 1914-1915 aura été essentiellement la guerre des petites unités, sections et compagnies. C'est donc à ce niveau qu'il convient de se placer pour en tirer des enseignements pratiques.

Aussitôt après la retraite de Belgique et la bataille de la Marne, il devint évident que les opérations de cette guerre prenaient une tournure générale inattendue. La forme n'en était cependant ni nouvelle ni imprévue pour quiconque s'était donné la peine de réfléchir à la puissance des armements actuels, de se souvenir des guerres de Mandchourie et des Balkans; seule, son extension à des centaines de kilomètres pouvait surprendre. Il fallait donc s'y adapter de suite, faire appel à la mémoire et plus encore, bien plus encore, au bon sens, à l'intelligence, à l'observation. Il n'est pas douteux que certains ne l'ont pas compris ou pas voulu. Hypnotisés par leurs études antérieures, ne voyant, ne voulant voir que la guerre napoléonienne, attendant d'un événement improbable, illogique, d'une sorte de miracle, la reprise de la guerre de mouvements dont leur imagination et leur mémoire étaient pleines, l'escomptant pour déployer leurs talents tactiques, ils restèrent cristallisés dans les moules du passé, au lieu de secouer résolument ce fatras devenu momentanément et peut-être désormais inutile, d'inventer, de s'adapter, de s'assimiler et de tirer le meilleur parti de ce qui leur était imposé. Qu'on pût par goût, par tempérament, regretter la forme ancienne, certes ; qu'on pût déplorer l'inutilisation de beaucoup d'études antérieures, soit ; cela n'excuse pas l'inertie intellectuelle et l'inaction dans l'espoir possible, mais plutôt fallacieux et l'attente d'un retour aux formes anciennes, à un moment donné ; cela excuse encore moins le fâcheux et sinistre « pas d'histoires », déjà si néfaste en temps de paix.

Certains esprits clairvoyants avaient entrevu les impossibilités de l'offensive à outrance et reconnu l'efficacité de la défensive agressive ; mais ils n'avaient pas été écoutés. Ils avaient prévu que les grandes batailles en terrains découverts, recherchées jusqu'alors par la tactique, deviendraient rares et presque impossibles, qu'on serait amené à la guerre de siège, à la guerre de rues en rase campagne. Ils avaient senti que cette forme imposerait une réorganisation générale de l'armée par une répartition différente des armes combattantes, et de fait, pendant la guerre même, il a fallu prélever sur l'infanterie des pionniers pour renforcer le génie, des grenadiers, des bombardiers, des cyclistes, des automobilistes, des aviateurs, des compagnies de mitrailleurs, etc., etc. ; sur la cavalerie et l'artillerie, des cadres pour l'infanterie ; puis procéder à une refonte complète de l'outillage, notoirement insuffisant en nombre et en qualité.

Quant à la forme de l'attaque par vagues successives, l'élément de tête entamant cette attaque, les autres la renouvelant, ils considéraient que l'élément de tête pourrait se trouver arrêté net et qu'ainsi la guerre de tranchées se substituerait par la force des choses à la guerre de campagne, celle-ci étant appelée, après quelques expériences sanglantes, à ne plus être employée, la manœuvre qui caractérisait la bataille cessant d'être possible.

Par contre, ils considéraient qu'en certains points se produiraient des défaillances (provoquées par obus, torpilles, opérations de nuit, manque de munitions, lassitude, etc.) dont l'adversaire devrait profiter. Alors, disaient-ils, celui-ci, aiguillonné par les officiers en serre-file, se jetterait en avant ; mais la position en pointe ainsi conquise pourrait vite devenir intenable sous les feux convergents de droite, de gauche et de face de l'infanterie et de l'artillerie. Cependant, une poignée de bons tireurs qui ne se laissent pas entraîner par l'affolement, une pièce à tir rapide suffiraient le plus souvent pour écraser tout un paquet d'hommes. On organiserait au moyen des réserves des positions de repli que le commandement aurait fait étudier et préparer. Alors, ou bien toute la ligne se déplacerait, ou bien on isolerait la partie envahie.

Une fois les deux murailles humaines immobilisées face à face, après avoir cherché à se déborder, mais arrêtées par des obstacles naturels qui seraient leurs points d'appui (mer, montagne, frontière neutre), cette double muraille allait rester presque inerte, malgré la volonté d'avancer. C'est alors qu'à l'extérieur de la circonvallation, certains corps ou détachements allaient pouvoir tenir la campagne, manœuvrer, tenter des coups de main aux endroits favorables. La muraille, ou plutôt la grille n'aurait pas besoin d'avoir une grande densité, tant la puissance de l'armement supplée au nombre ; il conviendrait donc d'en réserver une partie pour relever et ravitailler les combattants qui ne pourront soutenir longtemps pareil effort, enlever morts et blessés à la faveur des ténèbres, organiser les positions de repli et parer à tout événement.

Pendant que le combat défensif-offensif traînerait avec des alternatives de succès très localisés et de revers très partiels, sans que rien de décisif puisse résulter de ces engagements purement passifs, des forces disponibles choisies (par exemple : braconniers, contrebandiers, forestiers), encadrées avec choix, pourraient ébranler l'ennemi par leur hardiesse sur d'autres points par de petites expéditions isolées, des pointes audacieuses, et chercher le point faible de l'ennemi, où se ferait enfin la grosse poussée finale et décisive.

Pour ce genre de guerre, il faudra toujours : prévoyance, calme, méthode, hardiesse, esprit agressif, savoir professionnel.

L'auteur de ces considérations, capitaine qui a fait quinze mois de campagne comme commandant de compagnie et non dans les endroits les moins difficiles et les moins dangereux, est peut-être un peu qualifié pour en tirer quelques enseignements pratiques, utiles à ses camarades plus jeunes. C'est son unique prétention et son seul désir, en estimant qu'il ne faut pas craindre le terre-à-terre, là somme des petites choses finissant par en faire une grande.

Aussitôt installé dans les bois de la Gruerie (15 septembre 1914), où il devait séjourner pendant quatre mois consécutifs, il se dit : « Voici une lutte où tout dépend de l'activité, de la vigilance, de l'ordre, de la méthode. Ingénions-nous donc et observons. » Il fut ainsi amené tout de suite à rédiger pour ses gradés deux petites instructions, complétées au fur et à mesure de l'expérience. Leur exécution lui donna toujours les meilleurs résultats. A mesure que les cadres anciens se raréfient et que, par suite, les éléments deviennent plus jeunes, les directives deviennent plus nécessaires. Qu'ils veuillent ne voir là que des données d'expérience qui ont fait leurs preuves et peuvent leur servir, sans prétendre qu'on ne puisse faire autrement ni mieux.

ARTILLERIE

En ce qui concerne notre artillerie, la liaison avec l'infanterie est souvent insuffisante, les observateurs d'artillerie ne sont pas assez nombreux dans les tranchées de première ligne, le 75 tire souvent trop court. D'où obligation pour notre infanterie de toujours observer les tirs d'artillerie et d'en faire connaître les résultats le plus rapidement possible, puis de faire vérifier de nuit, par des patrouilles, les destructions recherchées et souvent manquées, quoique affirmées de loin réussies.

Dans le cas où nos obus atteignent notre infanterie, celle-ci doit opérer comme pour un bombardement de l'artillerie ennemie : s'abriter en attendant la fin ou l'allongement du tir.

En ce qui concerne l'artillerie ennemie, deux cas à envisager :

1° Le bombardement est dirigé sur la tranchée de première ligne ;

2° Le bombardement est dirigé en arrière de cette tranchée.

Dans le premier cas, ne laisser dans la tranchée que les guetteurs nécessaires. Placer le reste des hommes dans les abris de bombardement et, à défaut d'abris, dans les boyaux, mais toujours équipés et l'arme à la main, prêts à bondir à leur place de combat dès que le tir de l'artillerie cesse ou s'allonge.

Dans le deuxième cas, laisser la tranchée garnie comme à l'ordinaire, mais en restant très attentif à un raccourcissement possible du tir de l'artillerie. Si ce raccourcissement se produit, opérer comme ci-dessus.

Dans les deux cas, depuis le commencement

jusqu'à la fin du bombardement, les guetteurs doivent tirer sans interruption avec une hausse forte, sur les points élevés et dans les arbres touffus situés en face d'eux et à grande distance, pour gêner les observateurs des résultats du tir de l'artillerie adverse et empêcher si possible cette observation. Les mitrailleuses doivent contribuer à cette entreprise par un tir de fauchage coup par coup, lent et également à grande distance.

DESIDERATA

Plus d'observateurs d'artillerie en première ligne pour régler le tir, éviter le gaspillage de munitions, éviter de nous détruire nous-mêmes; juger de l'efficacité réelle, surtout quand il s'agit d'une préparation d'attaque. Trop souvent, on a cru avoir obligé l'ennemi à se terrer et avoir détruit ses défenses accessoires alors qu'il n'en était rien. L'infanterie se lançant à l'attaque à heure fixe, sans tenir compte de l'effet obtenu par l'artillerie, était fauchée et échouait ! Il lui est arrivé aussi de recevoir dans sa progression en avant les coups de sa propre artillerie, soit parce que le tir de celle-ci n'était pas allongé assez tôt, soit parce que la progression de l'infanterie avait été plus rapide qu'on ne l'avait escompté. Un observateur placé dans la première ligne aurait sans doute évité les pertes résultant de ces erreurs. Enfin, des pièces très rapprochées, exposées sans doute, mais d'un effet puissant, prendraient heureusement d'enfilade ou d'écharpe les tranchées ennemies.

Engins de tranchées. — Canons de 58, canons-revolvers, lance-bombes Aasen, obusiers, etc., etc.

En demander et *s'en servir ;* mais s'en servir d'une façon intelligente, logique, sensée et non à tort et à travers, pour avoir l'air de faire quelque chose et pouvoir accuser un certain nombre de coups qui ne sont le plus souvent qu'un vain et coupable gaspillage de munitions, occasionnant plus de torts que de profits. Le bon moyen est de régler sur le but à atteindre, puis d'attendre l'occasion favorable de les mettre en œuvre : relève, attaque, passage et surtout chute d'avions, heures de corvées, travaux en cours aperçus. Pour cela, les engins restent chargés en permanence, leurs servants à proximité, prêts à fonctionner au premier signal. Le reste du temps, ils demeurent muets. Faire préparer plusieurs emplacements, de façon à pouvoir les changer de place lorsqu'ils ont obtenu leur effet, lorsqu'une occasion favorable se présente ailleurs ou lorsqu'ils sont exactement repérés. Les servants de ces engins doivent être surveillés ; ils ont parfois tendance à éviter d'agir.

Grenades et pétards. — Les grenadiers, au moins un par escouade, sont formés et exercés dans la compagnie. Pour ceux-ci, il convient au contraire de modérer leur ardeur. Lorsqu'ils ont pris confiance dans leur engin et dans son emploi, ils ont tendance à en abuser et à en lancer avec trop de prodigalité. Comme en tout, c'est le but à atteindre qui doit limiter l'emploi.

Mitrailleuses. — Placées pour battre les secteurs privés de feux, les angles morts, flanquer les autres défenses, enfiler les boyaux, il faut qu'elles soient très attentives, très mobiles, très audacieuses. On a trop souvent tendance à les considérer comme des objets très précieux et à ne pas les utiliser assez, par crainte de les voir détruites ou prises.

Interrogation des prisonniers. — Rarement l'interrogation des prisonniers a fourni des renseignements pratiques, utiles aux combattants. Que leur origine, leur nationalité, leur corps, leur âge, etc., soient d'un grand intérêt pour les états-majors et les chefs d'armées, c'est incontestable. Le combattant, lui, aurait besoin de renseignements plus terre à terre, d'une utilité immédiate pour lui. Aussi, chaque fois qu'on le peut, il est bon de leur demander :

— Comment sont occupées leurs lignes : 1re, 2e, 3e ? Densité ?

— Où sont les postes de commandement ?

— Comment et quand se font les relèves, tous les combien, à quelles heures et par où ont lieu les corvées ?

— Les heures de repas ?

— Combien d'hommes dans la compagnie ; combien d'officiers, active ou réserve ? Qu'en pensent-ils ?

— Combien de petits postes ? Combien d'hommes dans chacun, de jour, de nuit ? Ont-ils des grenades ?

— Où vont-ils au repos ? Par quel chemin ?

— Patrouilles de jour, de nuit. Combien d'hommes ?

— A quelle heure ? Par où sortent-elles, rentrent-elles ? Leur mission, en quelle tenue, avec quelles armes, leur durée ?

— Que sait-on des nôtres ?

— Place-t-on des hommes dans les arbres, de jour, de nuit, devant ou derrière leur ligne ? Voient-ils bien chez nous ? Quels sont les arbres choisis ?

— Parle-t-on d'attaque? En craint-on une?

— Que font-ils de jour, de nuit, quels travaux?

— Voient-ils les nôtres?

— Quelles sont leurs défenses accessoires?

— Où sont leurs mitrailleuses, obusiers, etc., combien? Bombes asphyxiantes et liquides enflammés, moyens de protection, combien de grenades dans les tranchées? Etc., etc.

CONDUITE A TENIR AUX TRANCHÉES

PRINCIPES ESSENTIELS

1° **Être d'une vigilance extrême.** — On a toujours reproché aux Français de mal se garder. Ils n'ont que trop souvent justifié, même au début de cette guerre, leur mauvaise réputation à cet égard. On sait ce que cela a coûté. Le service de tranchées, forme continue et inévitable de la guerre actuelle, est une sorte de service d'avant-postes ininterrompu. En conséquence, il repose, comme tout service de ce genre, sur la vigilance des guetteurs qui sont les sentinelles, de la garnison de tranchées qui figure les petits postes, sur la faculté de s'alerter rapidement des réserves qui représentent les grand'gardes, enfin et surtout sur l'audace et l'activité des patrouilles.

Par suite, de jour, il doit y avoir dans chaque section autant de guetteurs qu'il est nécessaire pour embrasser de la vue tout le secteur de surveillance, les autres hommes vaquant aux travaux ou se reposant. En cas d'attaque, les guetteurs donnent l'alarme en sifflant ou autrement et tout le monde se précipite aux créneaux. On met baïonnette au canon, le feu est ouvert par rafales courtes et violentes, les bombardiers mettent en action les lance-bombes pointés d'avance, les grenadiers lancent leurs grenades, on envoie des gaz asphyxiants et des liquides enflammés, si l'on en a. Aussitôt l'attaque repoussée, le feu cesse partout. Le reste du temps, ne pas tirer.

L'idéal est d'attirer l'ennemi pour le détruire en détail, de l'amener à consommer ses munitions en pure perte en faisant soi-même le contraire, c'est-à-dire en ne les plaçant qu'à bon escient.

De nuit, dans chaque section, un homme sur deux veille à tour de rôle ; les deux voisins de combat alternent par heure pour veiller et se reposer, mais toujours l'un à côté de l'autre. Être plus attentif de l'oreille que de l'œil. Pour entendre et n'être pas entendu, il ne faut pas faire de bruit. Donc, ne pas tirer quand l'ennemi tire, puisque alors il n'avance pas. C'est éviter en même temps le gaspillage des munitions, car, à tirer dans le vide, on n'atteint aucun but.

En outre, s'il y a des postes d'écoute (tranchées éloignées), on les fait occuper par des sentinelles chargées de donner l'alarme en cas de bruit suspect (troupe en marche, branches heurtées, écrasées, feuillages froissés, voix, cliquetis d'armes ou d'ustensiles, etc.). A moins d'être surprises de trop près, auquel cas elles tirent, les sentinelles rentrent sans tirer pour donner l'alarme, afin que l'ennemi, qui croit surprendre, soit lui-même surpris par la soudaineté et la violence de la défense. S'il n'y a pas de postes d'écoute, envoyer des patrouilles fixes qui stationnent un certain temps aux endroits indiqués. Redoubler d'activité et de vigilance au lever et à la chute du jour.

2° **Être d'une activité continuelle.** — La pire conduite est de rester passif. Il ne faut pas attendre le coup de poing, mais le donner le premier. Cette activité doit se manifester de deux façons différentes, mais concourant au même but. Il faut d'abord assurer les liaisons à droite, à gauche, en arrière, entreprendre ensuite les travaux de réfection et d'amélioration de la tranchée (vérifier tous les créneaux, faire boucher les inutiles, faire réparer les dégradés), faire combler toutes les niches sous le parapet qui ne doivent pas être tolérées (éboulements, enfouissements), faire établir, si ce n'est déjà fait, les cases à cartouches et explosifs dans la paroi arrière et coudées, assurer l'écoulement des eaux, faire établir, assainir, combler et refaire les feuillées suivant le cas, créer ou améliorer les boyaux de communication en arrière, entreprendre, achever ou perfectionner les abris, commencer des sapes en avant s'il y a lieu, faire vérifier l'état des défenses accessoires par les patrouilles ; les faire constituer, réparer ou augmenter suivant les constatations faites. Veiller à la propreté des tranchées. Demander le matériel et les munitions dont on a besoin.

Barrages. — Préparer d'avance des sacs de terre pleins à l'entrée de chaque boyau, en tas, prêts à être employés pour obstruer l'entrée du boyau en cas d'invasion de l'ennemi. En outre, des chevaux de frise sont alignés sur l'un des parapets du boyau, retenus tous ensemble par un seul fil de fer qu'il suffit de couper à une extrémité du boyau pour les y faire tomber et l'obstruer sur toute sa longueur et le rendre ainsi inutilisable par l'ennemi.

On peut aussi y préparer des mines à faire exploser au moment voulu. Il est souvent avantageux de couvrir les boyaux d'accès aux postes d'écoute d'un lacis de fil de fer barbelé s'étendant à plusieurs mètres de part et d'autre.

Créneaux. — Les parapets, ainsi que les créneaux dans les tranchées qui en comportent, doivent être masqués au moyen de branchages, herbe ou feuilles.

Feuillées. — Les faire saupoudrer chaque matin de terre et de chaux (infirmier).

Siccité des tranchées. — Rigoles, puisards, clayonnages, écopes ; faire vider les puisards à mesure qu'ils s'emplissent.

La seconde forme de l'activité a trait à l'offensive. Il faut toujours être offensif ou, pour mieux dire, agressif. Notre ennemi ne respecte que la force brutale, mais il la respecte et s'y soumet. Il s'agit donc de la lui infliger. Pour cela, il faut faire appel aux ressources de l'esprit français dont le propre est d'être souple, vif, inventif, s'ingénier à imaginer des ruses de guerre nombreuses et variées, de façon à ne jamais le laisser en repos, à l'étonner, le lasser, le prendre au piège, le détruire. Donc, ne pas travailler seulement avec ses bras, mais encore avec son cerveau. Toute bonne idée doit être émise et accueillie, examinée, puis mise à profit si elle est réalisable. Enfin, il faut une entente préalable que ce travail a pour but de créer, et une discipline parfaite dans la conduite et l'exécution des moyens pour obtenir le meilleur rendement.

3° **Moyens d'action. Conduite à tenir de jour, de nuit, suivant qu'on est en terrain couvert ou découvert.** — La première chose à faire, quelles que soient les conditions de temps et de lieu, est de s'assurer la possession des moyens matériels nécessaires et en quantité suffisante. On constituera donc sa provision de cartouches pour fusils et pour mitrailleuses, de grenades, de bombes, de pétards, de boîtes à mitraille, de lance-bombes Cellerier ou autres, de fusées éclairantes, de bombes asphyxiantes, de fil de fer, d'outils. On s'assurera en outre de l'existence des périscopes, des baguettes de fusil, du permanganate pour l'eau potable, de la chaux et des désinfectants pour les feuillées et les cadavres. Ceci fait, la position ennemie étant reconnue et indiquée à tous, on entrera en action.

Cette entrée en action se manifestera d'abord par la recherche des emplacements favorables à l'établissement de plates-formes pour lance-bombes Cellerier et pour mitrailleuses ; ensuite, par la mise en train des travaux de toutes sortes. Les emplacements d'obusiers et de mitrailleuses devront être aussi nombreux que possible pour permettre leur déplacement fréquent.

Les obusiers et les mitrailleuses régleront

leur tir et resteront ensuite silencieux en attendant le moment propice d'intervenir (cas d'attaque de part ou d'autre, tir nourri dans la tranchée adverse). Pour être en mesure d'intervenir instantanément, condition essentielle de leur efficacité résultant de la surprise et de l'instantanéité, ces engins resteront chargés en permanence et leurs servants à proximité. Ceci fait, on évitera toute tiraillerie vaine, inutile et dispendieuse, de jour comme de nuit.

De jour, *en terrain découvert,* on augmentera le repos, la surveillance étant plus facile, en la limitant au strict minimum pour embrasser de la vue tout le terrain à surveiller; mais chaque homme au repos devra rester équipé et garder le bras passé dans la bretelle de son fusil. On ne tirera que si on voit l'ennemi, soit isolé, soit en nombre. En cas d'attaque de l'ennemi, les grenadiers des escouades impaires lancent bombes et grenades sur les assaillants, ceux des escouades paires s'efforcent de faire barrage en les lançant derrière les assaillants; les celleriers tirent sur la tranchée ennemie, les mitrailleuses et les tirailleurs sur les assaillants. Tout cela doit être instantané et limité à l'effet à obtenir.

En terrain couvert, un bon tireur par section est désigné pour tirer de temps en temps un coup de fusil dans les arbres touffus situés en avant du front et pouvant recéler des tireurs dits perroquets, ou des périscopes. Néanmoins, ne pas abuser de ce tir. Cette opération, dénommée plaisamment échenillage, se pratique chaque matin et de temps en temps dans la journée, en avant, à droite, à gauche. Entre temps, en terrain plat, tirer à hauteur de ventre; en terrain descendant, tirer rasant; en terrain montant, tirer à hauteur de poitrine; surtout toujours viser.

De nuit, *en tous terrains,* patrouilles, embuscades mobiles ou fixes en avant; dans la tranchée, un veilleur sur deux.

En terrain découvert, aucune tiraillerie. On ne tire que si l'approche de l'ennemi est signalée ou si on le voit. Alors faire exécuter au coup de sifflet une rafale courte et violente (deux cartouches); puis, si l'ennemi avance, une autre de trois cartouches, et ainsi de suite jusqu'à ce qu'il ait disparu. Surtout, rester maître du feu. En même temps que la première rafale, les celleriers entrent en action. Les mitrailleuses se réservent pour la deuxième rafale si c'est utile, sinon se taisent. Les grenadiers interviennent dès la première rafale. Dans ce cas également, dès l'alarme donnée, chaque chef de section lance une ou deux fusées pour éclairer l'approche de l'ennemi.

En terrain couvert, il y a lieu de faire une distinction entre les nuits claires et les nuits sombres. La conduite à tenir dans les deux cas ne saurait être identique. Dans le premier cas (nuit claire), opérer comme de jour, c'est-à-dire ne tirer qu'en cas d'approche de l'ennemi, et alors par rafales courtes et violentes avec accompagnement de bombes et de grenades. En dehors de ce cas, silence absolu et pas un coup de feu.

Dans le second cas (nuit sombre), comme on ne voit pas, il faut éviter la surprise et, pour cela, tenir l'ennemi en respect par le feu. Dans ce but, un tireur par section, pas toujours le même, et successivement d'un bout à l'autre de la section, tirera une cartouche de temps en temps en évitant de tirer toujours dans la même direction. En cas d'attaque, opérer comme il est dit précédemment, mais les mitrailleuses ouvrent le feu dès la première rafale.

4° **Règles générales de jour comme de nuit, quel que soit le terrain.** — Avoir toujours la baïonnette au canon, parce que, en cas de surprise (qui doit être impossible si on se conforme à ce qui est dit ci-dessus, mais il faut toujours tout prévoir), on n'a pas le temps de la mettre pour accueillir un ennemi arrivé jusqu'à la tranchée et on se trouve alors sans défense. De plus, si l'ennemi voit toujours des baïonnettes, il ne pourra pas conclure de ce fait à la préparation d'une attaque prochaine, ce qui est important pour le bénéfice de la surprise. Enfin, on sera sûr ainsi que les baïonnettes s'adaptent bien au bout du canon, ce qui n'est pas toujours le cas et expose à des mécomptes désagréables. Lors des rafales, un tireur sur deux tirera à hauteur du ventre, le suivant à hauteur des genoux et ainsi de suite.

Les grenadiers et pétardiers (au moins un par escouade), désignés et répartis d'avance, avec leur provision à portée de la main, commencent à lancer lorsque l'ennemi arrive au maximum à 25 mètres, ceux des escouades impaires lançant directement sur les assaillants, ceux des escouades paires s'efforçant de faire barrage en arrière de ceux-ci.

5° **Patrouilles.** — Ce service doit être particulièrement actif une heure avant le lever et une heure avant le coucher du jour sans cesser d'exister pendant la nuit. Ces patrouilles sont mobiles ou fixes suivant les cas et les possibilités. Le résultat ne saurait en être invariablement négatif. On ne peut se contenter du rapport : rien à signaler. Toute patrouille qui le fera devra être refaite de suite par les même gradés et les mêmes hommes. Éviter que deux patrouilles puissent se rencontrer. Savoir celles que feront les compagnies voisines, leurs itinéraires, leur durée probable, leur lieu de sortie et de rentrée, les renseignements recueillis.

But. — Compléter la surveillance des postes d'écoute, sentinelles et veilleurs en la prolongeant plus avant. Éventer les mouvements et les travaux de l'ennemi. Déterminer ses emplacements. Profiter de toute occasion favorable pour faire des prisonniers ou pour faire utiliser par la compagnie un manque de surveillance, de munitions, de force, etc. chez l'ennemi. Garder un contact étroit afin que si l'ennemi abandonne ses positions on en soit averti sans retard. Vérifier nos défenses accessoires ou les compléter, ou les refaire. Répérer exactement les positions ennemies, etc., etc.

Marche des patrouilles. — Éviter le bruit, s'arrêter souvent et longuement pour écouter, ne pas tirer, progresser en rampant.

Les hommes envoyés en patrouille ne doivent emporter ni havresac, ni bidon, ni musette, ni fourreau de baïonnette. Celle-ci, étant leur arme principale, sera à la main ou au canon.

Il y aura avantage à alléger le plus possible

les patrouilles afin de rendre leur marche plus aisée, à réserver toute leur agilité et, en cas de rencontre, n'offrir aucune prise à l'ennemi. Donc, pas de capote, mais veste ou chandail; pas de képi, mais calotte de coton ou bonnet de police, ou mieux passe-montagne qui cache la figure si visible la nuit (avoir soin alors de percer des trous pour les oreilles afin d'entendre), toujours le casque par-dessus, des gants si possible pour cacher les mains, pas d'équipement, le fusil, la baïonnette, quelques grenades. Avancer par petits bonds, lentement, en s'arrêtant très souvent pour écouter. On pourra ainsi surprendre la marche d'isolés ou de petits groupes et s'en emparer, entendre les conversations, en tirer des indications utiles sur le tracé des tranchées, leur garnison, etc., saisir le bruit des travaux en cours d'exécution, enfin et surtout éviter les surprises, souvent même les préparer de notre côté.

En cas de fusée éclairante, en cas de fusillade, se tapir à plat ventre, attendre la fin pour reprendre le mouvement. En cas d'approche d'un petit groupe ou d'un isolé, faire de même, puis jeter une pierre ou deux dans la direction opposée à celle où l'on se trouve pour attirer son attention de ce côté et en profiter pour sauter dessus. S'il crie, le tuer et attendre la fin de la fusillade qui s'ensuivra pour revenir soit avec le corps, soit avec les marques distinctives de l'uniforme. Il appartient à l'ingéniosité de chacun de rechercher et de choisir les moyen d'agir au mieux selon les circonstances. L'essentiel est de faire quelque chose d'aussi utile que possible ; surtout, pas d'inertie.

Cas de défense. Cas d'attaque. — Nous avons déjà examiné plus haut ce qu'il convient de faire en cas d'attaque de l'ennemi. Condensons encore une fois notre procédé de combat.

Garder tout son sang-froid. Le soldat allemand est un bon soldat bien conduit ; il serait puéril de le nier et ce ne serait pas nous rehausser nous-mêmes ; mais le soldat français est bien meilleur. Quand il sera vigilant, attentif, instruit et discipliné, il aura toujours l'avantage. Il n'a rien à redouter du Boche.

Grâce à son sang-froid et à sa vigilance, il attendra l'ennemi à bonne portée sans se troubler et sans tirer prématurément. Lorsque celui-ci sera à 25 ou 30 mètres, les grenadiers l'assailliront et feront barrage à l'aide de grenades et de bombes, bombes à explosifs et bombes asphyxiantes ; les celleriers tireront dans la tranchée ennemie, les tirailleurs exécuteront des rafales, en tirant par-dessus le parapet et non par les créneaux, les mitrailleuses faucheront et jamais ainsi l'ennemi n'atteindra notre tranchée. Si quelques-uns y arrivent quand même, ils seront embrochés à la baïonnette. Aussitôt l'attaque repoussée, la contre-attaque doit suivre, sans délai.

Notre attaque doit se faire de la façon suivante. En avant, partent les grenadiers sans armes autres que la baïonnette, le couteau et le revolver, la musette bourrée de grenades. Ils sont accompagnés des porteurs de cisailles pour couper les fils de fer. Derrière, viennent les tirailleurs, le fusil approvisionné, les cartouchières garnies. Derrière, enfin, les pionniers avec leurs outils. Arrivés au parapet de la tranchée boche, on se glisse à plat ventre pour voir dedans. Quelques hommes aveuglent les créneaux, les autres purgent la tranchée de ses derniers défenseurs, puis sautent dedans. Aussitôt les grenadiers poursuivent l'ennemi dans les tranchées voisines et les boyaux de communication. Les pionniers font des barrages à droite, à gauche et dans les boyaux et retournent rapidement la tranchée contre l'ennemi. Les tirailleurs poursuivent l'ennemi de leurs feux. Pendant ce temps, des corvées demandées à l'arrière apportent des munitions de toutes sortes et des sacs de terre, puis établissent des boyaux de communication avec notre ancienne tranchée et remportent à l'arrière le matériel ennemi conquis.

Il faut avoir soin d'avoir dans chaque secteur de section des gradins de franchissement du parapet préparés d'avance ou mieux encore de petites échelles de fortune en rondins.

Ruses de guerre. — Le succès appartient souvent au plus malin plutôt qu'au plus fort. Il faut donc s'ingénier à être ce plus malin. Ce n'est pas difficile contre ces grosses têtes carrées sans grande initiative. Nous faisons une sorte de chasse à l'affût : affût de la grosse bête, de la bête puante. Les bons petits poilus dégourdis, alertes et braves doivent avoir le dessus.

Nous devons user l'ennemi, le grignoter selon l'expression de notre sage généralissime Joffre, jusqu'au jour où l'on pourra l'écraser complètement d'un bon coup. Pour cela, ce sont les ruses de guerre, vieilles comme le monde, qui nous serviront le plus et le mieux. Il faut donc en inventer et s'en servir tout le temps.

En voici quelques-unes. Il y en a bien d'autres que chacun doit s'efforcer de trouver et de proposer à son chef. Le concours des intelligences est aussi nécessaire que celui des bras.

1° Faire le mort pendant un certain temps,

c'est-à-dire faire croire par un silence et une immobilité absolus que tout le monde dort ou est parti. Cela prendra souvent puisque, malheureusement, ils ont parfois trouvé des tranchées dans ce cas. N'en veiller qu'avec plus d'attention et, quand ils approchent, les laisser venir à bonne portée sans remuer, parler ni tirer et les fusiller à bout portant.

2° Sous bois et de nuit, faire cesser le feu sur toute la ligne. Faire lancer à la main, si la tranchée ennemie n'est pas très éloignée, une dizaine de pierres à la fois ; si la tranchée est trop éloignée, les lancer à la fronde. La chute de ces pierres dans les feuilles pourra faire croire à une approche de notre part. L'ennemi ouvrira alors un feu violent auquel on se gardera bien de répondre et consommera ainsi des munitions en pure perte, les défenseurs se tenant, pendant ce temps, à l'abri dans leur tranchée. Si cela réussit, recommencer plusieurs fois dans la nuit pour empêcher l'adversaire de se reposer. On pourra aussi attacher des ficelles à des fils de fer, puis, rentré chez soi, tirer sur les ficelles. Le résultat sera le même.

Si on peut avoir des animaux, chiens, chats ou autres, leur attacher un objet quelconque à la queue et les envoyer dans la direction de l'ennemi. Le bruit de leur course aura le même effet.

3° Le jour, élever un képi ou un mannequin au-dessus du parapet ou en mettre de nuit dans les arbres où on les laissera de jour. Ils tireront dessus.

Bien d'autres moyens pourront être inventés, seront tout aussi bons et pourront concourir au même but. Ainsi, le capitaine donnera un coup de sifflet répété par les chefs de section. Tantôt ce sera pour déchaîner une rafale, tantôt ce sera pour rien. Chacun sera prévenu à l'avance de ce qu'il doit faire ou ne pas faire, etc. Le but, le fin du fin, est d'attirer l'ennemi pour le détruire en détail et sans arrêt, de l'amener à consommer ses munitions en pure perte en faisant soi-même le contraire, c'est-à-dire en ne les plaçant qu'à bon escient.

Une autre ruse, mais qui ne peut être employée qu'avec une troupe bien aguerrie et très disciplinée, consiste en ceci : on fait jeter en arrière de notre tranchée une bombe ou un pétard. Au moment où il éclate, des hommes désignés à l'avance poussent des gémissements comme s'ils étaient atteints par un projectile ennemi. Quelques-uns, désignés d'avance, sortent de la tranchée en arrière et, feignant de se sauver, se précipitent dans la tranchée de la section de renfort ou dans le boyau. Les Boches croiront la tranchée évacuée, comme elle l'a été par certains dans des cas semblables quand un obus ou une bombe à eux y tombait, mais alors c'étaient des lâches. Ils s'avanceront pour l'occuper; on les recevra par pétards, grenades, bombes et un feu nourri et, souvent, la section de renfort, s'élançant à leur poursuite avec les hommes qui auront fait semblant de lâcher la tranchée, pourra s'emparer de la leur.

Il faut se défier des feux simulés. Les Allemands ont parfois employé de nuit des cartouches à blanc ou des cartouches dont ils avaient retiré la balle. On comprend de suite pourquoi. Pendant que certains d'entre eux avançaient, ils tiraient ces cartouches pour faire croire que tous étaient restés dans la tranchée, et pouvaient ainsi approcher sans que leur feu ni le nôtre (le leur parce que sans balles, le nôtre parce que, eux tirant, nous ne tirons pas) les atteigne et les arrête. Mais leurs balles font assez de bruit pour une oreille exercée pour déjouer cette ruse de leur part. On se rend aisément compte s'ils tirent à balle ou à blanc. Dans ce dernier cas, éviter de répondre au feu à blanc par un feu à balles, redoubler seulement d'attention pour accueillir comme il a été dit ceux qui avancent et se croient en sécurité.

Quand ils lancent une fusée lumineuse et qu'on est hors de la tranchée, se terrer aussitôt qu'on la voit partir et jusqu'après la rafale qui la suit souvent. Si on est dans la tranchée, repérer la direction d'où elle part et, s'ils exécutent une rafale, ne répondre que si on en voit avancer, sinon non.

S'ils envoient des gaz asphyxiants, mettre les masques, allumer les feux, tendre les toiles, puis pulvériser.

Si une mitrailleuse vient ouvrir le feu en face, tâcher de repérer sa direction par la vue et le son, de jour; par la lueur et le son, de nuit. Commencer de suite une rafale de deux cartouches dans sa direction (feu convergent) et recommencer jusqu'à ce qu'elle se taise, sans toutefois prolonger au delà de six cartouches si on ne réussit pas. Lui envoyer en même temps des celleriers.

En cas de travail de sape entendu, faire cesser le feu sur toute la ligne. Bien repérer la direction du travail, y faire lancer un pétard ou une bombe et faire suivre immédiatement l'explosion d'une rafale, puis le signaler au génie pour les travaux de contre-mine. La nuit, se guider pour tirer sur la lueur des coups de feu ennemis.

Là où c'est possible, mettre à la nuit de bons tireurs dans quelques gros arbres pour tirer dans les postes d'écoute et les tranchées ennemies.

mais les faire descendre et rentrer avant le jour. Ces hommes doivent être placés non pas en avant de nos tranchées, mais en arrière.

Pour la défense, gradins en sacs de terre ou autres pour tirer par-dessus le parapet en cas d'attaque.

Pour l'attaque, équipe désignée pour enlever de suite et porter en arrière le matériel ennemi, minenwerfer, lance-bombes, etc.

Toujours, observer les tirs d'artillerie et en signaler le réglage et les résultats.

CONSIGNES GÉNÉRALES POUR LES SÉJOURS AUX TRANCHÉES

1° **La veille du départ.** — S'assurer :

Que les armes sont en bon état ;

Que les munitions et les vivres de réserve sont au complet ;

Que chacun a son outil ;

Que chacun a son masque anti-asphyxiant ;

Que les baguettes de fusil, chiffons, huile, graisse pour armes, périscopes, sont à leur place ;

Régler les montres sur celle du commandant de la compagnie.

2° **Pour le départ.** — Une heure avant le départ, faire former les faisceaux de sacs et de fusils, hors des abris et cantonnements ;

Vérifier si rien n'y est laissé (armes, fusils, outils, vivres, munitions, ustensiles, effets, etc.) et si tout est propre ;

Faire combler les feuillées ;

Faire approvisionner les fusils ;

Désigner un gradé qui marchera derrière la section pour faire suivre les traînards et ne laisser personne s'arrêter sans autorisation (Choisir un gradé énergique) ;

Faire l'appel et le rendre à l'officier de jour qui le rend au capitaine ;

Faire marcher, sauf contre-ordre, deux rangs sur chaque côté de la route, laissant la chaussée libre ;

Empêcher de faire du bruit et la nuit de fumer ;

Bien assurer la liaison avec l'unité précédente pour ne pas s'égarer, surtout dans les bois et la nuit ;

Faire attention aux aéroplanes et ballons captifs.

3° **A l'arrivée aux tranchées.** — Faire la relève sans bruit et sans précipitation ;

Faire l'appel aussitôt installé et signaler les manquants ;

Prendre en note les consignes du prédécesseur, le topo ;

Faire l'inventaire du matériel reçu, le répartir entre les escouades ;

Demander sans retard ce qui est nécessaire ;

Régler les tours de veille, rondes, patrouilles ;

Commander les patrouilles fixes et mobiles ;

Installer l'atelier d'entretien des fusils;

Visiter et vérifier tous les créneaux, un par un;

Faire boucher les inutiles, réparer les dégradés;

Indiquer à tous les hommes la tranchée ennemie et la distance (hausse);

Voir s'il y a des cases abritées pour les cartouches et explosifs; en faire faire s'il n'y en a pas;

Voir les abris et les indiquer aux hommes;

Interdire d'en faire sous le parapet;

Voir les feuillées, y faire le nécessaire; l'infirmier doit y mettre de la chaux tous les matins, après qu'on a recouvert d'une petite couche de terre les excréments des vingt-quatre heures;

Voir les travaux en cours; examiner ceux qu'il y aurait lieu d'entreprendre et les indiquer;

Veiller à ce que les hommes laissent en paquets les cartouches dans leurs cartouchières;

Voir récipients à cartouches libres et à eau;

Vérifier les défenses accessoires, les renforcer au besoin.

4° **Pendant le séjour.** — Organiser corvées de soupe, d'eau, tours de quart, rondes, patrouilles;

Faire exécuter les travaux, fixer les tâches par jour;

Veiller à la propreté des tranchées, les faire nettoyer chaque matin à 6 heures en été, à 7 heures en hiver;

Surveiller la désinfection des feuillées;

Aseptiser l'eau potable (permanganate).

7 heures. — Faire ramasser et porter pour 7 heures au P. C. du capitaine les étuis de cartouches et les outils cassés; le compte rendu des événements de la nuit et des patrouilles, des travaux exécutés depuis la veille; la demande de matériel et de munitions; l'état des pertes depuis la veille (6 heures).

8 heures. — Les malades sont envoyés à la visite à 8 heures, sous la conduite d'un caporal.

16 heures. — Commander les patrouilles de nuit; leur montrer leur itinéraire, points de sortie et de rentrée, pendant qu'il fait jour, prévenir les voisins.

20 heures. — Vérifier la présence des guetteurs aux créneaux, faire mettre baïonnette au canon à tout le monde; vérifier la provision de munitions aux créneaux.

Matériel à voir. — Cartouches, grenades, bombes, bracelets, pétards, boîtes à mitraille, celleriers, périscopes, fusées, asphyxiants, lunettes, fils de fer, outils, chaux et chlore, permanganate pour eau potable.

Morts. — Prendre et remettre au sergent-major : argent, lettres, papiers, objets personnels et faire l'inventaire ;

Faire demander des brancardiers ;

Faire emporter au P. C. du chef de bataillon leurs armes et équipements.

Blessés. — Leur faire emporter armes, équipements et sacs.

Envoyer le plus tôt possible au P. C. du capitaine la liste nominative, avec nature des blessures si possible.

5° **Pour la relève.** — Le jour du départ, dans l'après-midi, dans chaque section :

Faire réunir tous les outils et tout le matériel au poste du chef de section pour les passer au successeur (Reçu à tirer de ce dernier, par inventaire dressé d'avance) ;

Emporter 120 cartouches en paquets, par homme ; armements, équipements, outils au complet ;

Faire faire les sacs ;

Voir par où viendra la troupe de relève, par où partira la troupe relevée ;

Recommander l'ordre et le silence ;

Avant de quitter la tranchée, faire décharger et désapprovisionner ;

Prendre pour la marche les mêmes précautions qu'à l'aller et désigner le gradé de queue ;

A l'arrivée au gîte, passer l'inspection des armes ; avant de rompre, faire faire l'appel et le rendre à l'officier de jour.

6° **Le lendemain.** — Voir les armes nettoyées et graissées ;

Donner au sergent-major la liste de celles à réparer ;

Examiner la chaussure, l'habillement, l'équipement, les outils ; rendre compte, faire faire les réparations et demander les remplacements ;

Faire laver le linge, faire couper les cheveux, veiller à la propreté des locaux, feuillées et abords ;

Voir les masques anti-asphyxiants ;

Les faire porter au médecin pour solution.

Jours suivants. — Instruction des grenadiers et des artificiers si possible ;

Jeux, escrime à la baïonnette, exercices d'assaut.

Novembre 1914.

CONDUITE A TENIR LORSQU'ON COMBATTRA HORS DES TRANCHÉES

COMBAT DE LA COMPAGNIE ET DE LA SECTION

Peut-être un jour, lorsque l'adversaire sera suffisamment affaibli, épuisé, démoralisé, la lutte pourra-t-elle s'achever hors des tranchées. En tout cas, et c'est plus vraisemblable, si elle ne doit prendre cette forme que par places et par moments, il sera aussi utile, indispensable même, de rappeler à certains, d'apprendre à beaucoup, qui doivent leurs grades actuels à leur bravoure et non à leurs études militaires antérieures, la conduite à tenir. Le courage ne suffit pas à la conduite de la troupe, il y faut ajouter le savoir professionnel. Or, il est évident qu'il manque à un très grand nombre de gradés issus de la guerre et à qui on ne saurait en vouloir, mais auxquels il importe de donner l'essentiel, afin d'alléger le poids de la responsabilité qui pèse sur leurs épaules, de sauvegarder les existences précieuses dont ils répondent, d'en assurer le meilleur emploi, de leur permettre d'avoir et d'inspirer confiance, enfin et surtout de triompher.

Dans ce but, il est utile, chacun ne pouvant avoir et compulser un bagage de règlements, de résumer en un seul petit volume les prescriptions de notre Règlement de manœuvre et de notre Service en campagne que beaucoup ont oubliées, que d'autres n'ont pas connues. Elles contiennent les bases de la tactique de l'infanterie.

Il sera bon d'insister sur le service de sûreté en marche et en station, de revoir ce qui concerne les éclaireurs et les sentinelles et la conduite à tenir à l'égard des avions.

Ici, nous nous bornerons à étudier les deux phases principales du combat : la marche d'approche et l'attaque.

PRÉLIMINAIRES — MARCHE D'APPROCHE

L'infanterie à l'attaque ne peut agir que droit devant elle. Impossible de manœuvrer sous le feu. L'approche a pour but de l'amener au point où l'attaque sera déclenchée, face à l'objectif, aussi près que possible de cet objectif. Avant d'entreprendre l'approche, on prend les dispositions de combat :

Réunion des agents de liaison dans le bataillon et dans la compagnie ;

Distribution des cartouches des voitures ;

Mise des outils au ceinturon ;

Passage des sapeurs pionniers en tête.

Ces dispositions sont prises par un officier dans chaque compagnie, pendant que le capitaine reçoit les ordres et instructions du chef de bataillon.

Le rassemblement est couvert par des patrouilles fixes en avant et sur les flancs. Cette couverture doit toujours et partout se déclencher automatiquement. A cet effet, il est bon de convenir une fois pour toutes que, sans aucun ordre, la première fraction couvrira en avant, la deuxième à droite, la troisième à gauche, la quatrième en arrière.

Le chef de bataillon qui s'est rendu près du colonel, en revenant appelle à lui ses capitaines pour les renseigner. Ceux-ci, à leur tour, renseignent tous leurs subordonnés. Le bataillon sert de base au dispositif d'approche. La formation est fixée par le chef de bataillon ou le capitaine.

En tête ou isolé, une formation très favorable est la formation en losange, les sections par 2 ou par 4. Elle permet de faire face instantanément de tous côtés et de se déployer ou de continuer de marcher sans arrêt dans la même formation. A une aile, de préférence formation en échelons. Au centre ou en arrière, formation en échiquier. On peut aussi, selon les cas, marcher en colonne par 4 ou par 2, en ligne de section par 4 ou par 2, etc...

La formation à adopter est déterminée : par le terrain, par la nécessité d'échapper au feu de l'artillerie et, éventuellement, à l'action de la cavalerie et de l'infanterie (cycliste ou autre) et enfin de se défiler aux vues des engins aériens.

Les chefs servent de guides à leurs unités. Des officiers montés décollent et reconnaissent les itinéraires. L'approche, comme le rassemblement, est toujours gardée, sinon par les unités d'avant-garde, du moins par d'autres unités ou des patrouilles. Ces éléments prennent le contact. Au cours de la marche d'approche, divers cas sont à envisager en ce qui concerne l'artillerie.

A) **Marche dans une zone dans laquelle une artillerie possible, qui ne s'est pas encore révélée, peut ouvrir le feu contre l'infanterie.**

Prendre des formations dérobant aux vues :

a) Directes de l'ennemi ;

b) Aériennes, qui permettent le tir d'une artillerie ne voyant pas l'objectif.

a) *Directes.* — Colonnes par 2 ou par 1. Marcher par sections entières (pas de fractionnements par demi-sections afin de ne pas augmenter le nombre des têtes de colonne vues de la direction de l'ennemi).

b) *Aériennes.* — Utilisation des bois, grosses localités, lignes d'arbres élevés, zone séparant deux teintes différentes du terrain ou des cultures, arrêt momentané couché sur le côté gauche, la figure dans le coude, cheminement à l'ombre, dans les fossés, sur les accotements (éviter la partie blanche des routes et chemins).

B) **Marche dans une zone battue par l'artillerie.**

L'infanterie se forme en petites colonnes peu profondes, au besoin par petits groupes qui se succèdent à intervalles irréguliers ou accélèrent l'allure. Les fractions qui sont obligées de s'arrêter prennent la position à genou ou couchée en serrant sur le rang de tête.

La zone battue par l'artillerie peut être :

1° Une zone dans laquelle l'artillerie se révèle sans avoir antérieurement tiré.

Elle commencera donc par un tir de réglage. Comment distinguer un tir de réglage d'un tir d'efficacité ? Le réglage allemand se fait soit percutant par pièce, soit fusant par section. Donc, un coup isolé percutant ou deux coups fusants séparés par trois secondes indiquent un commencement de réglage. Or, il résulte du manque d'indépendance de la hausse et de l'angle de site chez les Allemands que tout déplacement en portée nécessite une double opération pour le pointeur. D'où la manœuvre indiquée pour l'infanterie soumise à un tir de réglage est de se déplacer rapidement en portée et en direction.

2° *Une zone antérieurement battue, c'est-à-dire un terrain repéré permettant le déclenchement instantané d'un tir d'efficacité.*

Il faut éviter, si possible, un pareil terrain, bien reconnaissable aux entonnoirs des projectiles. Choisir pour cheminer celui sur lequel aucune trace de feu d'artillerie n'est visible. Mais par suite de l'encadrement limitant la zone de marche, on peut se trouver dans l'obligation de traverser une zone dans laquelle un feu d'efficacité sera déclenché soudainement. Ce feu peut présenter les caractères suivants : fusant haut, fusant à bonne hauteur, percutant.

PROJECTILES FUSANT HAUT

Obus explosifs, dangereux dans un rayon de 50 mètres; shrapnells, vitesse restante des balles insuffisante.

Donc, sous les shrapnells fusant haut, peu dangereux, sections par 2. Sous obus explosifs, la projection horizontale de la formation sur le sol importe, puisque le projectile éclate en l'air en projetant des éclats, non pas en gerbe comme les shrapnells, mais suivant la verticale et même vers l'arrière. En conséquence, sous ce feu, réduire la projection horizontale de la formation, c'est-à-dire marcher en sections par 2 ou par 1, très serrées chacune sur leur tête.

En effet, la profondeur battue par un obus explosif est de 8 à 10 mètres quand il éclate à bonne hauteur; elle est plus grande quand il éclate trop haut. La largeur est de 50 mètres environ. Donc, ne pas se mettre en largeur, mais se mettre en profondeur. Il y a intérêt à ne pas s'arrêter dans cette zone, puisque en se couchant on augmente la projection horizontale de la section sur le sol. Si, cependant, il devient indispensable de s'arrêter sous les éclatements d'obus explosifs fusants, mieux vaut rester debout serrés comme des harengs que se coucher. Dans cette zone, inutile de courir, mais autant que possible marcher sans arrêt.

PROJECTILES FUSANT A BONNE HAUTEUR

Explosifs : Plus dangereux que les précédents, puisque tous les fragments sont à redouter. Profondeur 8 à 10 mètres. Donc, même raisonnement que précédemment : continuer à marcher, ne pas se coucher, puisque obligation de réduire la profondeur au minimum.

Shrapnells : Profondeur 150 mètres, largeur 25 mètres. Donc, 25 mètres d'intervalle entre les sections, mais comme la largeur d'éclatement du projectile explosif varie de 60 à 100 mètres, nécessité pour les sections de première ligne d'avoir contre les explosifs 80 à 100 mètres d'intervalle et entre les renforts et la première ligne contre les shrapnells 200 mètres de distance.

PROJECTILES PERCUTANTS

Rendent dangereux le terrain en avant de la zone dans laquelle ils tombent. Cette zone devra être franchie en ordre mince pour éviter la chute d'un projectile en plein milieu d'une unité.

FRANCHISSEMENT D'UNE CRÊTE

Se rassembler à l'abri, franchir à la course tous ensemble le terrain dangereux. S'il existe un glacis descendant après la crête, profiter de la descente pour faire des bonds de grande amplitude, puisque sur le glacis, même pour l'infanterie, il y a double modification de hausse et d'angle de site à exécuter et qu'on s'éloigne du point sur lequel le tir est réglé.

Pendant toute la marche d'approche, penser à la cavalerie : d'où échelonnement et, si elle paraît, feux par salves, baïonnette au canon ; en cas de surprise, faire coucher les hommes espacés et baïonnette au canon.

L'ATTAQUE

Normalement, le bataillon attaque un objectif unique sur un front de 500 mètres au maximum. L'ordre d'attaque est donné verbalement. Il est précédé d'une reconnaissance rapide du chef de bataillon ayant pour but de lui permettre de déterminer :

1° Le nombre de ses compagnies à mettre en première ligne d'après la répartition possible de l'objectif entre ces unités ;

2° De placer définitivement face à leurs objectifs les compagnies ainsi désignées.

C'est donc la terminaison de l'approche, terminaison qui sera plus ou moins rapide suivant la nature du terrain, lequel pourra, s'il est couvert, obliger à marcher par bonds jusqu'à ce qu'il soit possible de fixer les objectifs définitifs de l'attaque.

A ce moment, les officiers montés mettent pied à terre, les chevaux sont conduits au bataillon disponible. Les capitaines, s'ils ont leurs compagnies groupées, donnent l'ordre d'attaque à haute voix, sinon ils appellent à eux les chefs de section, leur désignent leurs objectifs. Les chefs de section les font connaître à tous leurs hommes. Les capitaines se font accompagner de leurs agents de liaison.

Le chef de bataillon et les capitaines marchent à proximité des renforts, prêts, lorsque tous les renforts seront dépensés, à marcher avec la fraction la plus avancée vers l'ennemi.

Toutes les unités marchent ainsi sans arrêt en ayant soin de ne pénétrer que déployées en tirailleurs dans la zone battue par les feux de l'infanterie (1.000 à 1.200 mètres).

Le feu, qui n'est exécuté que devant l'impossibilité (déterminée par les pertes) du mouvement en avant, est ouvert sur l'ordre du capitaine, sauf urgence, où il l'est sur l'ordre du chef de section. Il est conduit par le chef de section qui fixe la nature du feu, le point à viser, la hausse, le commencement et la cessation du feu, rafales courtes et violentes.

Les chefs de section sont aidés dans l'observation des feux par des observateurs placés près d'eux. Le feu est conduit par section, demi-section ou escouade, les caporaux en principe ne prenant pas part au feu, mais vérifiant les hausses et la direction du tir; le chef de groupe attendant après l'exécution d'un bond que les hommes aient repris haleine et soient en état d'exécuter un tir ajusté avant de reprendre le feu ; le mouvement de chaque fraction étant protégé par le tir de la fraction voisine.

Pour gagner du terrain, tous les moyens sont bons : par section, demi-section ou escouade, à la seule condition que ce soit par fractions constituées et commandées. Au fur et à mesure des pertes, les hommes serrent du côté du chef de section, les sections reprenant leurs intervalles sur la section la plus avancée vers l'ennemi (le capitaine est avec cette section) ; de même pour les compagnies par rapport au chef de bataillon. Toutes les occasions propices (augmentation de l'intensité du feu des voisins, éclatement de projectiles d'artillerie sur l'ennemi, feu de l'ennemi moins efficace) sont mises à profit pour avancer.

Dès que l'approvisionnement en munitions diminue, rendre compte au capitaine (signal conventionnel).

La ou les sections de renfort sont à la disposition du capitaine. Elles marchent sous le commandement de leur chef qui les rapproche, déployées en terrain découvert, en colonne en terrain couvert, en se conformant aux mouvements de la première ligne. Leurs chefs se tiennent en liaison à la vue avec le capitaine et reçoivent l'ordre d'attaque qui les fait s'engager soit dans un intervalle, soit par doublement. Si c'est dans un intervalle, elle le dépasse; si c'est par doublement, elle entraîne la chaîne de la voix et du geste.

Compagnies de renfort. — Se tiennent à distance telle que, protégées contre les feux dirigés sur la première ligne, elles soient toujours à portée pour intervenir soit sur un ordre, soit sur leur propre initiative. Elles se portent en avant, soit tout entières, soit par fractions, en profitant de l'intensité du feu de la chaîne et de l'inefficacité de celui de l'ennemi. Le capitaine se tient en liaison intime avec le chef de bataillon.

L'assaut. — But final toujours à atteindre et toujours recherché, est déclenché soit au commandement, soit sur l'initiative des sous-ordres. Mettre la baïonnette au canon, marcher, tirer, repartir de façon à ne pas arriver à bout de souffle sur la position. Ne pas le déclencher trop tôt. Feux de poursuite. Organisation de la position conquise. Rassemblement.

PARTICULARITÉS RELATIVES A LA CONTRE-ATTAQUE

La contre-attaque est exécutée d'après une idée préconçue indépendante des incidents du combat ou pour profiter des fautes ou défaillances de l'adversaire.

Son but doit être nettement indiqué. Préciser les points à atteindre et à ne pas dépasser.

Sa direction ne doit pas gêner le tir des troupes établies.

Moment le plus favorable : ennemi à courte distance, son artillerie cessant ou allongeant son tir.

Préparée à couvert, itinéraire reconnu ; déboucher par surprise, pousser à fond, redoubler l'intensité du feu sur le front.

Pour les contre-attaques de nuit, les préparer en secret et dans tous leurs détails. Terrain reconnu de jour et à la tombée de la nuit.

Objectif précis, à la baïonnette, rapidité et continuité du mouvement.

Pour la défense d'un point d'appui, les unités destinés à des contre-attaques sont placées en arrière et en dehors d'un des flancs. En général, elles cherchent à prendre l'ennemi en flanc.

POINTS D'APPUI

ATTAQUE DES POINTS D'APPUI : BOIS, LIEUX HABITÉS, DÉFILÉS

Bois. — Pour cheminer et stationner, sont à utiliser lorsqu'ils sont étendus, parce qu'ils dissimulent aux vues et soustraient en partie aux coups; sont à éviter lorsqu'ils sont de surface restreinte, parce que ce sont alors des nids à obus.

Veiller à une liaison étroite dans tous les sens. Pour en déboucher, prendre ses dispositions à couvert; au signal du chef, les unités débouchent par surprise et se portent d'un seul bond assez loin en avant pour éviter les coups qui pourraient être dirigés sur la lisière. Si le débouché a lieu par unités successives, les éléments de deuxième ligne évitent de sortir du bois aux mêmes points que ceux qui les précèdent.

Attaque. — Premier objectif : la lisière. Concentrer l'effort sur les saillants. Ensuite, marcher vivement de l'avant en utilisant tous chemins, sentiers, pistes. La compagnie avance en ligne de sections ou de demi-sections, par deux ou par un, précédée de fortes patrouilles. Rechercher surtout l'abordage à la baïonnette. Les compagnies des flancs cherchent à déborder l'ennemi pour l'attaquer en flanc ou à revers. Les compagnies d'attaque cherchent à atteindre le plus vite possible la lisière opposée, ou tout au moins une clairière.

Localités ; attaque. — Premier objectif : la lisière. S'y installer solidement, prévenir l'artillerie d'allonger son tir, s'efforcer ensuite de gagner rapidement la lisière opposée. Les unités disponibles progressent sur le pourtour. Si la défense a été organisée à l'intérieur, progresser pied à pied, ouvrir des brèches au moyen d'explosifs, amener quelques pièces de canon à très courte portée.

Défilé ; attaque. — S'il est défendu en avant, attaquer l'un ou les deux flancs et essayer de traverser rapidement. Dans une vallée, de faibles fractions suivent le fond ; la majeure partie progresse sur les hauteurs qui la dominent, les ailes en avant, de façon à atteindre le débouché avant les défenseurs.

S'il est défendu en arrière, exemple un pont, puissants échelons de feu sur la rive qu'on possède et le franchir à la course par petits groupes.

DÉFENSE DES POINTS D'APPUI : BOIS, LOCALITÉS, DÉFILÉS

Organisation de la lisière extérieure et des issues. Parfois, organisation intérieure (gros bois et grosses localités) ; souvent postée en avant dans des tranchées. Assurer le flanquement. Placer des défenses accessoires. Barricader les issues, créer des communications défilées.

Dans les localités, la défense intérieure est organisée dans des bâtiments solides masqués aux vues de l'artillerie ennemie. Ils sont aménagés de façon à s'appuyer et permettre une défense prolongée. Les rues sont barrées, les murs percés de créneaux, les précautions sont prises contre l'incendie.

Dans les bois, la défense intérieure est organisée aux lisières de clairières, de coupes, de tranchées forestières, de façon à obtenir des feux convergents. Elle est complétée par des abatis et des réseaux. Le commandant de la défense de ces points d'appui répartit sa troupe en : 1° lisière ; 2° défense intérieure ; 3° contre-attaque. Les premières restent abritées à proximité de leurs emplacements de combat jusqu'au moment de l'attaque qui est signalé par les observateurs. Les dernières sont placées en arrière et en dehors d'un des flancs, du côté le plus favorable à la contre-attaque.

Si l'ennemi pénètre dans la localité, faire tous les efforts pour l'empêcher d'en déboucher. Les troupes tenues en arrière ont dû, en attendant l'attaque, faire une organisation à cet effet.

Défense d'un défilé. — En avant, lorsqu'on veut conserver les deux issues pour couvrir une retraite ou assurer le débouché d'une colonne. Dans le premier cas, les troupes sont placées de manière à laisser le défilé libre et attirer les feux de l'ennemi sur d'autres points. Dans le deuxième cas, la défense est portée assez loin en avant pour que le débouché ne soit pas gêné. En arrière, dans d'autres cas. Rechercher la convergence des feux. A l'intérieur, choisir un endroit où le défilé s'élargit, bien garder les flancs, échelonner des détachements le long du défilé pour assurer la retraite.

EMPLOI DES MITRAILLEUSES DANS L'ATTAQUE

S'il faut les employer judicieusement, il faut aussi les employer sans parcimonie ni timidité. Pendant la marche d'approche, elles marcheront avec les bataillons de première ligne; au début de l'attaque, elles gagnent la chaîne, la suivent, la devancent en avant ou sur les flancs; au moment de l'assaut, elles accompagnent les tirailleurs, s'efforcent d'arriver en même temps qu'eux sur la position et contribuent à poursuivre l'ennemi de leur feu.

OPÉRATIONS DE NUIT

Se rappeler les principes trop souvent méconnus ou oubliés. D'abord, pour de multiples raisons, y employer de petits plutôt que de gros effectifs. Avant le départ, prendre toutes les précautions d'arrimage d'armes et d'ustensiles, de façon à éviter le bruit; sur les routes et chemins, éviter la chaussée, cheminer de côté et d'autre; commandements transmis à voix basse par les agents de liaison, silence, ni feux ni lumières; itinéraires reconnus d'avance si possible et jalonnés; sinon un officier en avant avec une boussole directrice lumineuse et des jalonneurs.

Les opérations préparées en secret et dans tous leurs détails ne doivent exiger que des mouvements simples sur des itinéraires faciles. Le rôle particulier de chacun, le but à atteindre, la conduite à tenir après, les points de ralliement et les signaux sont donnés par l'ordre d'attaque.

La nuit, le tir de l'adversaire est négligeable ; la valeur des troupes, leur discipline et leur cohésion suppléent au nombre. L'action d'ensemble d'effectifs importants étant très difficile à régler dans l'obscurité, il n'y a généralement pas intérêt à mettre en première ligne, contre un même objectif, des unités supérieures au bataillon.

Les unités chargées de l'attaque, formées en colonne ou en ligne de sections par quatre, baïonnette au canon, marchent dans le plus grand silence sur leurs objectifs, sans répondre au feu. Le succès réside avant tout dans la rapidité et la continuité du mouvement. Arriver le plus vite possible.

Défense. — Feux violents exécutés à très courte distance et suivis de contre-attaques immédiates à la baïonnette, surtout sur les flancs. Itinéraires des contre-attaques reconnus de jour. Obstacles accumulés.

La percée définitive, décisive, est-elle probable, est-elle possible ?

Contrairement à l'avis de ceux qui croient que la cessation des hostilités sera due uniquement à des circonstances extérieures (état des finances, lassitude, dépression morale résultant des pertes, épuisement du crédit) plutôt qu'aux opérations militaires, il est permis à quiconque a vu la retraite précipitée et massive de nos ennemis après la bataille de la Marne, les attaques de Beauséjour, Carency, Tahure, à quiconque a constaté combien cet ennemi orgueilleux, arrogant et brutal dans la victoire, devient plat, craintif et démoralisé dans la défaite, de l'espérer. On peut admettre que, lorsque le fruit sera mûr, lorsque la muraille sera abattue sur une certaine étendue, l'écroulement général s'ensuivra rapidement; mais, pour cela, il faut que la brèche soit suffisante pour permettre d'y jeter la quantité de troupes indispensable pour empêcher cette muraille de se refermer, de se reformer, et pour que les tronçons du reptile puissent être ensuite écrasés successivement. Alors comment, après avoir harcelé sans cesse et partout notre adversaire, préparerons-nous le coup de bélier final?

Par l'instruction spéciale de la troupe, par la préparation méthodique et minutieuse de la ligne d'attaque, œuvres de longue haleine, par la préparation immédiate de l'attaque lorsque le terrain sera prêt, par l'attaque elle-même et ses suites.

Qu'entendons-nous par instruction spéciale de la troupe? Sa mise au point par un repos préliminaire suffisant, des jeux, des exercices d'escrime à la baïonnette, des exercices d'assaut; le tout destiné à la mettre dans la meilleure forme morale et physique pour le jour du grand combat. Cette préparation est bien exposée dans la brochure : *Étude sur l'attaque dans la période actuelle de la guerre,* du capitaine Laffargue, sauf quelques particularités discutables.

Que sera la préparation méthodique et minutieuse de la ligne d'attaque ? Ce sera, sur le front de 20 à 30 kilomètres, minimum nécessaire, où se présentent des points où l'attaque pourrait réussir certainement, d'autres où elle est fatalement vouée à échouer ; la reconnaissance attentive et approfondie faite par des officiers d'état-major accompagnés d'officiers du génie, qui étudieront les possibilités sans craindre d'interroger les occupants, détermineront les travaux à accomplir dans les secteurs où l'attaque ne peut actuellement réussir, rendront compte à leurs généraux qui, eux-mêmes, iront voir à leur tour avant que les travaux soient commencés et dès qu'ils seront terminés. Il faut travailler, non sur le papier, mais sur le terrain, et avec unité de direction et de vérification.

La ligne étant ainsi préparée sur toute son étendue et amenée aux meilleures conditions de succès, nous arrivons alors, *mais alors seulement,* à la préparation immédiate de l'attaque par l'artillerie, les torpilles, les bombes, les grenades et autres engins nouveaux, aussi subite, aussi courte, aussi foudroyante que possible. Si cette préparation a été efficace, l'infanterie s'élance; si elle a été inefficace, il faut la recommencer avant de lancer en avant l'infanterie qui, sans cela, se fera décimer sans pouvoir réaliser aucun profit appréciable, durable, décisif.

Ce succès obtenu, il est vraisemblable que l'exploitation en sera tout autre que celle du succès de la Marne. A ce moment, l'ennemi était victorieux, triomphant; il venait d'accomplir une marche en avant foudroyante. Cependant, si on avait disposé des moyens et projectiles nécessaires, sa retraite eût pu se transformer en déroute, vu sa démoralisation, sa hâte de fuir, les formations massives adoptées par lui pour rétrograder. Ces moyens manquaient, aujourd'hui ils existent. Il y a donc lieu d'avoir la plus grande confiance. Si on le poursuit énergiquement et sans répit par tous les moyens : cavalerie, cyclistes, autos-canons, autos-mitrailleuses, avions, etc., ce sera pour lui l'heure de l'hallali, pour nous celle de la victoire, chèrement achetée, mais glorieusement conquise, après laquelle se lèvera l'aurore resplendissante d'une paix féconde.

Novembre 1915.

TABLE DES MATIÈRES

ARTILLERIE

NANCY, IMPRIMERIE BERGER-LEVRAULT — SEPTEMBRE 1916

www.ingramcontent.com/pod-product-compliance
Ingram Content Group UK Ltd.
Pitfield, Milton Keynes, MK11 3LW, UK
UKHW021147230726
13926UKWH00002B/987

9 782013 679312